LES

VINS DE BORDEAUX

GUIDE PRATIQUE DES GENS DU MONDE

POUR

LE CHOIX, L'USAGE ET LA CONSERVATION

DES VINS DE TABLE

PAR

LE Vᵀᴱ PAUL DE CHASTEIGNER

propriétaire de vignobles

MEMBRE DE LA SOCIÉTÉ D'AGRICULTURE DE LA GIRONDE

DEUXIÈME ÉDITION

revue et augmentée

Hygiène physique et morale — Pratique — Le vin et la sagesse des nations

---

BORDEAUX

LIBRAIRIE CENTRALE

B. DE LAPORTE, ALLÉES DE TOURNY, 44.

—

1869

S

LES VINS DE BORDEAUX

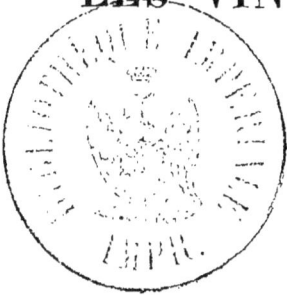

C.

LES

VINS DE BORDEAUX

GUIDE PRATIQUE DES GENS DU MONDE

POUR

LE CHOIX, L'USAGE ET LA CONSERVATION

DES VINS DE TABLE

PAR

LE Vᵀᴱ PAUL DE CHASTEIGNER

propriétaire de vignobles

MEMBRE DE LA SOCIÉTÉ D'AGRICULTURE DE LA GIRONDE

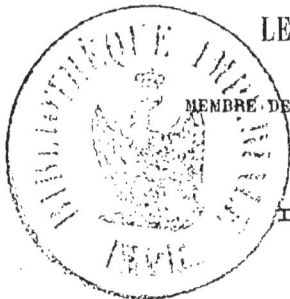

DEUXIÈME ÉDITION

revue et augmentée

Hygiène physique et morale — Pratique — Le vin et la sagesse des nations

BORDEAUX

LIBRAIRIE CENTRALE

B. DE LAPORTE, ALLÉES DE TOURNY, 44

—

1869

INTRODUCTION

————◦+◦————

Nous avons été frappé, dans quelques-uns de nos voyages ou dans nos conversations avec des personnes étrangères aux pays de vignobles, nous ne dirons pas seulement du peu de connaissances, mais même de l'ignorance de beaucoup de gens du meilleur monde en tout ce qui concerne le vin de Bordeaux. Combien de fois n'avons-nous pas été péniblement impressionné en voyant des consommateurs compromettre, dès l'arrivée, le contenu de toute une pièce d'une valeur souvent considérable ; d'autres, offrir à leurs convives, et de la meilleure foi du monde, sous le nom générique de *bordeaux* ou de *médoc*, un liquide composé d'éléments hétérogènes et indigne de toute qualification !

Le goût, d'ailleurs, en ceci comme en toutes choses, ne s'acquiert que par l'instruction théorique et pratique ; et tant de gens n'ont eu, pour former leur éducation œnophile, que des sujets de comparaison si peu dignes d'être étudiés, qu'il ne faut pas trop leur en vouloir, mais seulement les plaindre et leur donner de bons avis, s'ils veulent bien les accepter aussi franchement qu'ils leur sont sincèrement offerts.

C'est dans ce but que nous avons entrepris de rédiger cet opuscule. La matière est plus élastique qu'on ne pense : un livre en pourrait naître. Mais quoi ! ce livre ou plutôt ces livres ont été faits, et nous avouerons franchement que nous n'avons pas eu, dans ces quelques lignes, la prétention de donner à nos lecteurs des avis uniquement tirés de notre crû. Tout en invoquant notre expérience personnelle, nous avons puisé aussi à des sources plus autorisées, soit par nos lectures, soit en nous entourant des conseils d'hommes compétents dans le commerce et la viticulture (1) ;

(1) Qu'il me soit permis de remercier ici particulièrement M. Auguste Petit-Laffitte, professeur d'agriculture, et mon excellent voisin M. C.-P. Mitraud, propriétaire-viticulteur. Le premier s'est acquis un renom mérité par le cours qu'il professe avec tant de zèle et ses nombreux travaux, à la tête desquels il convient de placer son beau livre : *la Vigne dans le Bordelais*. La modestie du second m'en

et nous pouvons affirmer qu'il n'est pas une allégation de principes, sur le classement, le choix, l'usage et la conservation des vins, qui ne puisse se retrouver en substance dans les traités spéciaux auxquels nous renvoyons les personnes désireuses d'étudier plus profondément la question (1). Ces ouvrages, fort bien faits du reste, sont plus particulièrement desti-

voudra peut-être de le mentionner ici ; mais je ne pouvais l'oublier ; car, en partie, c'est grâce à ses sages préceptes et à ses bienveillants encouragements, que ce petit livre a obtenu un succès auquel il ne croyait pas devoir prétendre, et qu'il pourra se présenter au public moins imparfait dans cette nouvelle édition.

(1) Pour ne citer que les livres publiés dans la localité, voir le *Traité sur les vins du Médoc et les autres vins de la Gironde*, par Franck, œuvre consciencieuse parvenue à sa sixième édition ; *la Culture des vignes dans le Médoc*, par d'Armailhacq, excellent traité de viticulture. J'ai déjà parlé de *la Vigne dans le Bordelais*, par M. Auguste Petit-Laffitte, travail dont l'éloge est tout entier dans le nom de son auteur. *Bordeaux et ses vins classés par ordre de mérite*, par Ch. Cocks, livre utile sous le rapport théorique et topographique, mais dont le classement adopté demande une révision attentive. Le *Traitement des vins et spiritueux*, par R. Boireau, ouvrage pratique, qui se recommande particulièrement au commerce. Enfin, l'éditeur de ce petit livre prépare un *Annuaire vinicole de la Gironde*, appelé à rendre de grands services au producteur et au consommateur.

nés aux agriculteurs, aux négociants et aux économistes ; tout le monde ne peut pas les avoir en poche ou dans sa bibliothèque ; nous croyons que notre résumé suffira amplement au consommateur uniquement désireux de mettre dans sa cave une provision de vins bien choisis, de connaître les moyens de les soigner convenablement et d'en faire usage, soit en famille, soit avec ses amis, d'une manière à la fois utile et agréable..

Château de Falfas, près Bourg (Gironde). Novembre 1868.

CONSIDÉRATIONS GÉNÉRALES
ET CONSEILS HYGIÉNIQUES
SUR LA CONSOMMATION
DU VIN DE BORDEAUX

— . · ᴐᴐᴐ · —

HYGIÈNE PHYSIQUE ET MORALE.

L'usage du vin n'est pas seulement agréable, il est utile ; il peut être considéré comme hygiéniquement indispensable, aux lieux surtout où la civilisation s'est concentrée, et, conséquemment, où les hommes ont pris des habitudes de station et de travail peu en harmonie avec un état normal des fonctions digestives. Le vin est un puissant tonique ; son action sur nos organes leur imprime de l'énergie, elle favorise singulièrement leur jeu.

1*

Ajoutons que le vin n'est pas seulement nécessaire aux gens civilisés; il est lui-même, dans l'ordre physique, le créateur de la civilisation.

Le docteur Artaud, dans son livre si intéressant : *de la Vigne et de ses Produits*, prouve victorieusement, dans une savante dissertation intitulée : *le Vin et la Civilisation*, que cette dernière a été répandue, propagée ou annulée, selon que la culture de la vigne et, par conséquent, la consommation du vin, ont eu plus ou moins d'activité parmi les peuples depuis les premiers âges du monde.

Suivant son âge et sa qualité, cette précieuse liqueur peut ranimer les forces de l'homme affaibli ou convalescent, ou concourt avec efficacité à sa nourriture en l'état de santé; elle aide à la division des aliments aux sucs desquels elle se mêle, et augmente la puissance de circulation dans tous les canaux de l'organisme humain.

L'habitude modérée du vin dispense d'un volume proportionnel de nourriture; elle facilite la digestion, et, par ce fait, dégage le cerveau des fatigues que le travail pénible de l'estomac lui ferait éprouver.

« Ce qui distingue le vin de toutes les bois-
» sons délétères, usuelles par abus, c'est son
» action générale sur l'économie. Pris à doses
» modérées, il accroît l'énergie de toutes les
» facultés; le cœur, le cerveau, les organes
» sécréteurs, le système musculaire, acquiè-
» rent, par son usage, une augmentation de
» vitalité sensible.

> » *Vino aluntur sanguis calorque hominum.*

(PLINE.)

» Le vin s'associe généreusement à toutes
» nos fonctions; il les fortifie et les excite
» avec harmonie; tandis que les autres liqueurs
» agissent comme ces médicaments qui ne por-
» tent leur activité que sur un seul organe :
» loin d'accroître l'ensemble harmonique de
» l'être, elles ne peuvent que le troubler. »
(Docteur Artaud, *De la Vigne*, etc.)

D'après les meilleures autorités médicales,

le vin, pris en quantité plus ou moins considérable, produit une excitation générale et même l'ivresse. A doses modérées, le vin est stimulant, diffusible, tonique, astringent et toujours analeptique, selon qu'il renferme plus ou moins d'alcool, de tannin ou de matière sucrée.

Les vins rouges ont, selon leur nature, des qualités diverses. L'opinion publique et la généralité des médecins reconnaissent au vin du Bordelais des propriétés toniques qui le recommandent aux estomacs délicats, à cause d'un sel de fer qu'il contient dans ses principes constitutifs. Il est certain qu'il est plus froid que le vin de Bourgogne, moins alcoolisé, et plus doux à boire. Ceux qui sont vieux et de bonne qualité, et qu'on qualifie de vins fins, ont, à un bien plus haut degré que les vins nouveaux et communs, la faculté de concourir à l'assimilation et de porter plus rapidement le bien-être et la force dans tous les organes. C'est le soutien des vieillards, l'énergie des convalescents, la boisson des estomacs délicats ou fatigués, et des personnes qui souffrent des

obstructions dans les viscères. En état de santé,
ce genre de vin porte à la gaieté ; l'excès même
que l'on pourrait en faire ne cause que des
indispositions passagères. Bus à la dose dont
les gens du monde ont l'habitude, ces liquides
ont la propriété d'exciter le cerveau, d'éclair-
cir les idées, de rendre aimable et communicatif ; mais il est important de s'arrêter quand
ces facultés s'épuisent et que le système nerveux se met de la partie.

Le vin de Bordeaux est fréquemment employé comme aliment médicamenteux.

On l'administre avec avantage dans la pé-
riode adynamique des fièvres typhoïdes et
ataxiques, dans les affections scorbutiques et
scrofuleuses, enfin dans le plus grand nombre
des maladies asthéniques et dans les convales-
cences.

Son usage est contre-indiqué lorsqu'il y a
coexistence d'un état irritatif ou phlegmasique.

On se sert du vin rouge à l'extérieur dans
les contusions, les plaies atoniques, les ulcères,
pour lotionner les enfants naissants.

Enfin, le vin est le véhicule de plusieurs médicaments ; il entre dans la composition d'un grand nombre de préparations officinales.

On sait que le vin était la panacée universelle d'Asclépiade. On ne peut qu'approuver un précepte que Galien nous a conservé de ce médecin ; c'est de donner du vin pour dissiper les raideurs qui se font sentir après les grandes évacuations. C'était dans la même vue qu'Hippocrate conseillait de boire du vin pur de temps en temps, et même avec quelque excès, pour se remettre d'une grande fatigue physique ou morale.

La Boëtie, ami de Montaigne, affaibli par une maladie d'épuisement, buvait à pleine tasse le vin généreux de la Gascogne, et lui dut l'apaisement de ses souffrances et le prolongement de son existence, qui, pourtant, fut encore de trop courte durée.

Les lois de Sparte interdisaient l'usage du vin ; et pour en inspirer l'horreur à ses concitoyens, Lycurgue faisait promener dans les rues des esclaves ivres : toutefois, ce sévère législa-

teur en reconnaissait la puissance hygiénique
et le prescrivait en certains cas. « Lycurgus,
dit Montaigne, ordonnoit le vin aux Spartiates
malades, parce qu'ils le haïssoient sains. Tout
ainsi qu'un gentilhomme mon voisin s'en sert
pour drogue très-salutaire à ses fièvres, parce
que, de sa nature, il en haït mortellement le
goût. » (*Essais*, liv. II.)

N'oublions pas, en effet, que, joint à une
bonne hygiène, il est le préservatif par excellence, disons mieux, le remède actif ou pré-
ventif souverain, dans les pays marécageux ou
arides, où l'insalubrité de l'eau potable, puisée
dans des mares et des citernes, cause des
fièvres intermittentes et typhoïdes, souvent
mortelles; surtout, enfin, pendant les épidé-
mies qui nous apportent

> Ce mal qui répand la terreur,
> Mal que le ciel, en sa fureur,
> Inventa pour punir les crimes de la terre;
> La *peste*, puisqu'il faut l'appeler par son nom,

ou le *choléra morbus*, comme nous disons
aujourd'hui.

Ce que nous disons ici en faveur du vin de Bordeaux, tout viticulteur des autres provinces de France le revendiquera avec surenchérissement en faveur de ses produits, et nous accusera d'être *orfèvre, comme M. Josse,* ou de *prêcher pour notre paroisse.* Ces prétentions ne sont pas nouvelles; dès le temps de Philippe-Auguste, elles furent le sujet d'un fabliau intitulé : *la Bataille des vins;* et plus tard des thèses furent sérieusement présentées, attaquées et défendues en pleine Sorbonne, par les vignerons de l'Ile-de-France, de la Bourgogne, de la Champagne et de l'Orléanais. Ajoutons que la Gascogne ne se mêla jamais à ces luttes, qu'elle jugeait, avec raison, au-dessous de sa dignité.

Il faut convenir que les prétentions à la prééminence entre tel ou tel vin, de la part des propriétaires des crûs les plus renommés de la France, ne sont pas raisonnables. Chacun des vins qu'ils produisent n'a-t-il pas un caractère particulier, des qualités qui lui sont propres? Et les buveurs qui s'établissent juges,

quelque bons gourmets et quelque désintéres-
sés qu'on les suppose, n'ont-ils pas aussi chacun
une constitution et des habitudes particulières
qui ont la plus grande influence sur les juge-
ments qu'ils portent? Voyez du Fouilloux, dans
sa *Vénerie :* il donne les plus justes éloges au
vin de graves; et le mot qu'en dit Mme de
Sévigné annonce le peu de cas qu'elle en faisait. En parlant de M. de Lavardin : *C'est un
gros mérite,* dit-elle, *qui ressemble au vin de
graves* (1).

Tout Gascon que nous sommes, nous ne
serons point exclusif. Les uns prétendent que

---

(1) Cette appellation de *vin de graves* était anciennement
employée pour désigner les vins de Bordeaux. (Voir le pas-
sage mentionné dans la *Vénerie* de messire Jacques du
Fouilloux, chapitre de l'*Assemblée;* il est curieux à plus
d'un titre.)

Quant à l'opinion de Mme de Sévigné, c'est déjà quelque
chose qu'elle ait reconnu au vin de graves un mérite, fût-il
gros. Et pour ce qui est de l'intention de dénigrement que
semble impliquer ce dernier terme, nous ferons observer
que la célèbre marquise n'a pas toujours rencontré juste
dans ses appréciations. N'a-t-elle pas dit aussi : *Racine pas-
sera comme le café ?*

les vins de Bourgogne sont les seuls bons; les autres veulent que ceux de Bordeaux soient les meilleurs. Au point de vue du bouquet et de l'agrément, ils ont l'un et l'autre leurs partisans et leurs détracteurs. La vérité est que tous deux sont excellents; mais ils ont tous deux des qualités différentes. Le bordeaux conviendra aux estomacs chauds et irritables, et le bourgogne aux estomacs froids et paresseux; mais le vin de la Gascogne aura toujours l'immense avantage de n'être jamais nuisible et d'être toujours salutaire, et de pouvoir, enfin, être conservé en tous lieux et en tous pays très-longtemps et avec des soins faciles à lui donner.

Il en est de la réputation du vin comme de celle des hommes : pour sortir de la foule où l'on reste oublié, il ne suffit pas d'avoir un mérite réel, quelquefois encore il faut des circonstances favorables ou un heureux hasard qu'on ne rencontre pas toujours.

Nos lecteurs ne seront peut-être pas fâchés de connaître la cause qui, au siècle dernier, a donné à nos vins un essor qui va chaque jour grandissant, et les conduisent en conquérants pacifiques et bienfaisants à l'envahissement du monde entier. Cette cause, je la trouve rapportée tout au long dans un livre fort intéressant, publié sur la matière, en 1811, par l'abbé Rozier, le comte Chaptal, Parmentier et Dussieux. J'ouvre *le Parfait Vigneron* à la page 99, et je transcris :

« Les vins de Bordeaux étaient avantageusement connus dès le XIVe siècle, puisqu'ils étaient déjà l'objet d'exportation le plus avantageux au commerce d'Aquitaine ; mais la consommation qu'on en fait aujourd'hui dans l'intérieur de la France, à Paris surtout, a triplé depuis quarante ans (1). Cette espèce de révolution se rapporte à une anedocte assez futile ; mais elle trouve ici sa place, parce que les circonstances en sont très-importantes au commerce français.

(1) Chaptal écrivait ces lignes en 1810 ; en disant aujourd'hui que la consommation a décuplé, on serait encore au-dessous de la vérité.

» Le maréchal de Richelieu avait contribué au gain de la bataille de Fontenoy, et revenait vainqueur de la campagne de Mahon. Favori de Louis XV, envié des grands et gâté par les femmes de la cour, il jouissait dans le monde, non pas d'une considération imposante, mais de cette célébrité à laquelle on n'est point insensible quand on n'est pas philosophe. Mme de Pompadour, qui avait assez d'esprit pour sentir la nécessité d'attacher quelque éclat à la position très-élevée, mais très-peu honorable qu'elle occupait à la cour, conçut le projet de faire épouser sa fille, Mlle Lenormand, au duc de Fronsac, fils de Richelieu. Le maréchal refusa cette alliance avec une hauteur dont la favorite résolut de tirer vengeance. Richelieu n'était pas un ennemi ordinaire ; cependant elle réussit à l'éloigner de la cour. Il reçut, avec le brevet de commandant de Guienne, l'ordre d'aller établir sa résidence à Bordeaux. On l'y reçut avec les plus grands honneurs. Son palais (1)

(1) L'hôtel du Gouvernement, habité par Richelieu, est aujourd'hui le palais archiépiscopal, dont la façade, précé-

devint bientôt le rendez-vous habituel de tout
ce que renfermait cette belle cité d'hommes
riches ou bien élevés, de femmes aimables ou
jolies. De Gascq, président au parlement et
grand propriétaire de vignobles, y fut accueilli
un des premiers avec une sorte de distinction,
parce que sa manière d'être et ses inclina-
tions se rapprochaient beaucoup de celles du
maréchal, dont il devint bientôt l'ami particulier. Dans les fêtes qu'il donnait à ce commandant de la Guienne, auquel il ne manquait que le titre de roi, car il en avait tout
le faste et presque la toute-puissance, de Gascq
ne manquait jamais de donner aux meilleurs
vins de Bordeaux qu'il faisait servir les noms
des crûs où il était propriétaire (1). Ce petit
manége, assez commun aux possesseurs des
denrées de cette nature, lui réussit tellement,

dée d'un jardin et d'une grille, se présente sur la rue Vital-
Carles.

(1) Le principal vignoble du président de Gascq est connu
aujourd'hui sous le nom de *Château-Palmer* (Margaux-
Cantenac). M. E. Pereire l'a acquis en 1853, au prix de
425,000 fr.

que bientôt le maréchal ne voulut, pour ainsi
dire, offrir à ses convives, en vins de Bordeaux, que ceux du président ; et sitôt que
les circonstances lui permirent son retour à
Paris, il voulut que ses caves y fussent abon-
damment pourvues du même vin. Richelieu,
si près de la cour, n'osa pas y étaler le faste de
la vice-royauté qu'il avait exercée en Guienne ;
mais sa réputation d'homme d'esprit et de bon
goût, d'heureux capitaine, d'ancien favori du
roi et de courtisan plus adroit que servile, lui
conserva dans le monde une prépondérance
marquée sur les hommes de son rang, qui
avaient aussi la manie de vouloir être imités.
Les vins de Bordeaux continuèrent d'être ser-
vis sur la table du maréchal avec une sorte de
prédilection. A la cour comme à la ville, le
nombre de ses imitateurs fut bientôt incalcu-
lable. Selon l'usage pour tout ce qui est de
mode, il en fut de même dans la plupart des
grandes villes de province ; de là l'étonnante
consommation qui est faite depuis, et qui se
fait encore, dans l'intérieur de la France, des

vins de Bordeaux ou *réputés* de Bordeaux (1). »

Un auteur très-accrédité, à la fin du xviiie siècle, pour la conscience de ses relations et l'exactitude de ses recherches historiques, l'abbé Baurein, dit, à la page 233 du tome II de ses *Variétés bordeloises :* « Nos vins de graves, autrefois si renommés, ont cédé cet honneur à ceux du Médoc, quoique d'ailleurs ils n'aient rien perdu de leur ancienne bonté. Les vins de Bourg étoient si estimés dans le siècle dernier, que les particuliers qui possédoient des biens dans le Bourgez et le Médoc ne vendoient leurs vins de Bourg qu'à la condition qu'on leur achèteroit en même temps ceux du

(1) Pourquoi dit-on : les vins de Bordeaux, et non : les vins de la Gironde ou de la Gascogne, comme on dit les vins du Rhône ou de la Bourgogne ? En voici l'explication :

« *Vins du Haut-Pays :* ce sont les vins de toute sorte de » crûs qui se recueillent au-dessous de Saint-Macaire, qui » est à sept lieues au-dessus de Bordeaux. On les nomme » ainsi, pour les distinguer de ceux qui se font dans la sé- » néchaussée de Bordeaux qu'on appelle *vins de ville*. » (*Dict. des Sciences, ou Encyclopédie générale,* au mot *Vin*, article de M. le chevalier de Jaucourt.)

Médoc : c'est un fait que bien des personnes
ont ouï dire à ceux qui nous ont devancés. »

Pour qui connaît parfaitement la nature des
différents vins récoltés dans le Bordelais, les
passages que nous venons de citer donnent lieu
à un rapprochement d'idées assez curieux. Les
vins de côtes et de graves proprement dits
sont plus alcoolisés, plus corsés, plus généreux,
en un mot, que le vin de la contrée du Médoc.
Celui-ci se distingue particulièrement, dans les
premiers choix, par une certaine élégance dans
le bouquet qu'il développe, par une séve peu
vigoureuse, par une étoffe légère et délicate
qui fait qu'il se *laisse boire* sans causer à la tête
ni à l'estomac une bien lourde charge. Il n'est
pas long à *se faire,* mais il se *défait* prompte-
ment. A la quinzième année de son âge, il
commence à décliner, quand ses congénères
atteignent facilement le sixième, le septième
et même le huitième lustre. Nos bons aïeux
des siècles antérieurs au xviiie, et les peuples
sérieux, comme les Anglais, les Hollandais,
les Flamands, puisaient et puisent encore leurs

approvisionnements dans la première catégorie. Il leur fallait une liqueur chaude et généreuse qui répondît à leur nature. La société légère, brillante et polie de la Régence et du règne qui la suivit était bien faite pour apprécier et adopter une liqueur qui avait avec elle tant de points de rapprochement. Alors, comme aujourd'hui d'ailleurs, le médoc était l'assaisonnement obligé, le bouquet, disons-le, des repas de gourmets et des soupers galants.

« Un tiers des Français ne boit point de vin; un autre tiers n'en consomme que de mauvais, accidentellement, et comme débouché; l'autre tiers voit rarement sur sa table des vins francs et naturels, c'est-à-dire salubres et bienfaisants. Qu'on juge de ce qui se passe en pays étranger, et que l'on dise ensuite ce que serait le commerce des vins s'il eût été, nous ne disons pas favorisé, — c'était, ce serait encore fort inutile, — mais laissé à sa libre action, à son développement naturel. » (*Dict. du Commerce*, art. Vin.)

Depuis que ces lignes ont été écrites, la consommation du vin en général et de celui de Bordeaux en particulier s'est considérablement accrue et s'accroît tous les jours, par suite de la diffusion de la fortune dans toutes les classes de la société, de l'augmentation considérable des voies de communication et de la facilité des transports (1).

CLASSEMENT.

L'excellence des vins de Bordeaux est trop universellement notoire pour qu'il soit besoin

(1) Pendant le blocus continental, une pièce de vin allant de Bordeaux à Hambourg voyageait pendant un mois et payait 300 fr. pour le transport. A la même époque, le prix du transport de Bordeaux à Paris était de 50 fr. et le délai de quinze jours. Aujourd'hui, par steamer, la barrique paye, de Bordeaux à Hambourg, 12 fr., et se rend en quatre jours. De Bordeaux à Paris, le port est de 9 fr., et le délai de cinq à six jours.

Les Parisiens connaissent le droit élevé qu'acquitte à leurs barrières une pièce de vin. Les dispositions favorables de l'administration donnent lieu d'espérer qu'avant peu ce droit sera notablement abaissé. La consommation des vins de Bordeaux atteindra dès lors, dans la capitale, des proportions considérables.

de l'établir plus amplement que nous ne l'avons fait dans les considérations qui précèdent.

Quelle que soit leur diversité, ils ont entre eux des rapports généraux qui les distinguent de ceux des autres pays. Leur caractère propre, dans la mesure de la qualité de chacun d'eux, est : une belle couleur pourprée, beaucoup de velouté, une grande finesse, un bouquet très-suave, corsé sans être fort ; une séve prononcée qui, embaumant la bouche, la laisse fraîche et exempte de toute odeur vineuse ; de fortifier l'estomac sans porter à la tête, et de ne pas incommoder si on les boit à haute dose. Ils ne redoutent ni les variations de température, ni les longs transports qui fatiguent d'autres vins aussi estimés. C'est à cette dernière propriété que les vins de Bordeaux doivent la renommée qu'ils ont acquise dans le monde entier.

Les vins rouges de Bordeaux se déterminent, comme généralité, en quatre classes :

1° *Les vins de palus*, récoltés sur les terres basses bordant généralement les deux grandes rivières qui traversent le département de la Gironde; ils sont mous et ont goût de terroir. Les voyages d'outre-mer leur sont très-favorables, aussi forment-ils une grande partie du vin de cargaison. Les plus communs sont coupés avec de petits vins blancs pour alimenter les cabarets.

2° *Les vins de côtes*, qui se récoltent sur les terres hautes et caillouteuses, principalement sur les collines qui suivent la rive droite de la Dordogne (Saint-Émilionais, Fronsadais, Bourgeais) et dans l'Entre-deux-Mers (pays entre Garonne et Dordogne).

> . . . . Denique apertos
> Bacchus amat colles. . . . . . .

La production en est considérable ; ils sont recherchés comme bons vins d'ordinaire ou vins fins dans les premiers crûs; ils sont fermes, colorés; un peu durs d'abord, ils acquièrent en vieillissant de la finesse et un bouquet particulier qui les rend très-agréables.

3° *Les vins rouges de graves*; ils sont le

produit de quelques communes de la banlieue de Bordeaux. Récoltés sur des terrains mélangés de sable et de gravier, ils sont chauds et corsés, et, quand ils ont vieilli, rivalisent aussi avec ceux des bons crûs du Médoc; ce sont les bourgognes du Bordelais.

4° *Les vins de Médoc;* ils se récoltent dans les arrondissements de Bordeaux et de Lesparre, sur des terrains excessivement variés, ondulés, faits de sable et de cailloux. Ces vins, parvenus à leur plus haut degré de qualité, sont pourvus d'une belle couleur, d'un bouquet qui participe de la violette, de beaucoup de finesse et d'une saveur extrêmement agréable; ils doivent avoir de la force sans être capiteux, ranimer l'estomac en laissant la bouche fraîche.

Ils se divisent en cinq classes de *grands crûs* ou *châteaux* (1). Viennent ensuite les pre-

(1) Ce nom de *château,* que l'on ajoute à celui du domaine, n'implique pas une grande habitation de maître. Cette désignation est appliquée, dans le Bordelais, à tout vignoble dont le mérite, dû à son sol et aux soins dont il est l'objet, lui ont valu d'être *classé* hors de la foule des crûs dits *bourgeois* et *paysans.*

2*

miers et seconds *bourgeois* et les *paysans* de différent mérite. Dans la consommation, on les connaît généralement sous les noms de *Margaux*, *Saint-Julien* et *Saint-Estèphe*, noms qu'ils empruntent à trois communes plus favorisées sous le rapport des crûs *classés*.

Comme il arrive toujours, du reste, le vulgaire, qui prend facilement la partie pour le tout, applique le nom de *Médoc* à tous les vins qui ne sont pas récoltés sur les côtes, et donne aux produits de ces dernières le nom général de *Saint-Émilion*. La qualification de *vins de graves* est plus particulièrement réservée aux vins blancs ordinaires, tandis que les vins fins de cette couleur sont appelés vins de *Sauternes*; nouvel exemple de l'attribution du nom d'une seule petite contrée à un territoire comprenant plusieurs cantons.

Les vins blancs de la Gironde ne méritent pas moins de réputation que les rouges, et ils la possèdent particulièrement dans les contrées du nord de l'Europe, où ils apportent un excitant salutaire aux tempéraments les plus généralement répandus dans ces climats que le soleil néglige un peu. Le grand prix qu'y mettent les vrais connaisseurs en fait foi (1).

Dans les récoltes des bons crûs et des bonnes années on trouve, au premier degré, parfum, finesse, élégance, tout ce qui constitue enfin le vrai nectar.

> Sa liqueur est blonde et vermeille,
> Son parfum est plus doux encor,
> On dirait qu'un rayon sommeille
> Épanoui dans son flot d'or (2).

S'il y a dans certains esprits des préventions exagérées contre le vin blanc, c'est à cause de l'abus qu'il est facile d'en faire par l'agrément qu'on trouve à le boire. Mais pris avec modération, il est nourrissant et hygiénique comme le vin rouge. Il est diurétique;

(1) Dans un voyage qu'il fit à Bordeaux, après la guerre de Crimée, le grand-duc Constantin paya 24,000 fr. un tonneau (quatre barriques) de Château-Yquem 1847.

(2) *Brindisi*, de l'opéra de *Galathée*.

ses effets sont plus prompts, il porte plus vite
à la gaieté ; et quand, à la suite d'un léger
excès, il provoque un commencement d'ivresse,
elle est plus tôt dissipée que celle produite par
le vin rouge.

Sa transparence et le prix généralement
modéré auquel on peut se le procurer dans
les qualités ordinaires, le mettent, beaucoup
plus que le rouge, à l'abri des falsifications.

C'est principalement à cela qu'il doit l'immense honneur d'avoir été choisi par la litur-
gie catholique pour jouer un des rôles les plus
importants dans la plus auguste de ses cérémo-
nies. Avec lui, le prêtre est plus certain de
consacrer le vrai sang de l'arbre symbolique :
Vinum ex vite, comme disent les saints canons.

C'est lui qui fait jaillir l'étincelle de l'esprit
gaulois et qui est le principe actif de la verve
gasconne. En effet, si le caractère français se
distingue d'une manière tranchée sur celui
des autres nations, par sa vivacité et ses sen-
timents généreux, c'est surtout dans les contrées qui produisent le vin blanc.

Il y est consommé soit pur, soit mélangé avec d'autres vins rouges du Midi très-colorés, mais plats, qu'il relève par son énergie, et constitue ainsi la boisson ordinaire de la classe la moins aisée, qui est la plus nombreuse (1).

Cette population est bruyante quelquefois, jamais méchante; c'est elle qui fournit à l'agriculture et à l'industrie ces travailleurs petits de taille, mais lestes et propres à tous les métiers, à l'armée les neuf dixièmes de ces compa-

---

(1) *Boire le vin blanc* pour *chasser le brouillard* ou pour *tuer le ver,* avant de se rendre, au lever du jour, à leurs chantiers, est un usage généralement adopté dans le Midi de la France par tous les ouvriers des champs et de la ville. Ce véritable *coup de l'étrier* ne dégénère jamais en abus à ce moment-là. Il est à remarquer, d'ailleurs, que tous les pays de vignobles donnent beaucoup moins que les autres le spectacle public de l'ivrognerie. Tout au plus le dimanche, dans les campagnes, et le lundi dans les villes, à la nuit tombante, quelques groupes de travailleurs plus gais que d'habitude et moins solides sur leurs jambes, regagnent en chantant leur logis, où un bon somme les guérira facilement d'une ivresse qui ne ressemble en rien à celle produite, dans les autres contrées, par l'excès des boissons alcooliques et fermentées.

gnies d'élite, voltigeurs, zouaves et chasseurs à
pied, que rien ne rebute et devant qui rien ne
résiste; d'un entrain communicatif qui les ac-
compagne en toutes circonstances; sachant *se
tirer d'affaire* dans quelque situation qu'ils se
trouvent, et dont on a dit plaisamment, avec
vérité, qu'ils étaient toujours les premiers au
feu et à la marmite.

CHOIX.

Il ne pouvait entrer dans notre cadre de
donner à nos lecteurs une nomenclature des
crûs de la Gironde; elle aurait été pour eux
plus nuisible qu'utile. A part quelques noms
de grands crûs dont la notoriété est universelle, l'énumération de plus de mille noms les
aurait livrés à l'indécision et à l'embarras du
choix (1).

(1) Le département de la Gironde est le plus important
de France sous le rapport de la qualité et de la quantité
des vins rouges et blancs qu'il produit. La superficie des
terrains plantés en vignes est d'environ 150,000 hectares.

Ce genre d'étude est plus dans la pratique des maisons de commerce qui achètent le vin en gros sur les lieux de production, pour le revendre au commerce de détail ou à la clientèle bourgeoise. Encore y a-t-il, entre ces maisons et les propriétaires, des intermédiaires ou courtiers qui consacrent tout leur temps à l'étude sérieuse et approfondie, non de tous les crûs du Bordelais, mais de ceux d'une seule contrée, parfois circonscrite dans quelques cantons ou un seul arrondissement.

Au point de vue de l'acheteur, les vins de Bordeaux se classent ainsi : *vins ordinaires,* ou *d'ordinaire,* et *vins fins.*

Les *vins d'ordinaire* sont ainsi nommés parce que c'est d'abord la plus importante quantité fournie par la production, et qu'ensuite ce sont ceux qui, par leur prix modéré, entrent principalement dans la consommation

La production moyenne, dans les deux années 1864 et 1865, a été d'au moins 3,000,000 d'hectolitres; elle a dû être supérieure en 1868. Les vins blancs entrent pour un tiers environ dans la totalité de la récolte.

générale, et n'ont ni le parfum ni la suavité des vins vieux et de qualité supérieure.

Selon leur origine et leur nature particulière, on les boit lorsqu'ils ont atteint leur seconde, troisième ou quatrième année; n'ayant encore perdu qu'une faible partie de leur couleur et des autres principes toniques, ils sont plus nourrissants que les vins d'un choix plus relevé et supportent mieux l'eau, avec laquelle les consommateurs les boivent sur leur table.

On nomme *vins fins* tous ceux, quelle que soit leur origine, que leur âge et la réunion d'un certain nombre de bonnes qualités rendent dignes d'être présentés extraordinairement sur les meilleures tables, sous la dénomination de *vins d'entremets.*

En principe, les seuls crûs *classés* ont la spécialité des *vins fins,* et les *vins d'ordinaire* sont produits par les crûs dits *bourgeois* et *paysans.* Mais dans la pratique, cette règle est susceptible de nombreuses exceptions. Tel crû *classé* peut avoir, telle année, sa récolte moins bien réussie que celle de tel crû *bourgeois*, son voisin. Tel *vin fin*, goûté trop tôt ou dans de mauvaises conditions, sera positivement inférieur à tel *vin d'ordinaire* bien soigné et qu'on aura laissé vieillir.

Ayez, autant que possible, un correspondant dans le pays même de production, négociant ou propriétaire (il y a d'honnêtes gens partout); indiquez le prix que vous ne voudrez pas dépasser, l'usage auquel le vin est destiné ; si celui-ci doit être, suivant vos goûts, *léger* ou *corsé*, et vous en rapportez entièrement au discernement et à la conscience de l'expéditeur (1).

(1) Il est fort difficile, on le comprendra, d'indiquer, même approximativement, les prix auxquels on doit s'arrêter. Cela dépend avant tout de la position de celui qui achète, et il y a, en somme, du vin à tout prix. Comme base d'appréciation, disons pourtant que le *vin commun*, pour les gens de service ou la consommation économique, se cote en moyenne de 90 à 110 fr. la barrique bordelaise (225 litres) ; l'*ordinaire* et *grand ordinaire*, de 125 à 300 fr.; de 300 à 600, on a déjà d'excellents *vins fins*; ainsi de suite. Pour les vins en bouteilles, on peut s'en procurer depuis 1 fr.; mais on obtient de très-bon vin d'entremets dans une moyenne

3

DÉGUSTATION.

Goûter un vin pour en déterminer le mérite ou les défauts n'est pas chose aussi aisée qu'on pourrait le croire. L'étude et la réflexion dans l'analyse des sensations sera d'une nécessité urgente.

En goûtant pour la première fois un vin qu'il viendra de recevoir, le consommateur devra donc se méfier de toute prévention basée sur une impression défavorable à la marchandise ou à l'expéditeur. L'habitude est tellement, on l'a dit, une seconde nature, que notre palais, accoutumé à trouver bon un liquide même vicieux, peut nous faire trouver désagréable un vin sur la pureté duquel nous aurons toutes les garanties désirables.

En principe absolu, il ne faut jamais goûter qu'après plusieurs jours de repos un vin qui

de 5 fr., qui peut s'élever jusqu'à 15 et 20 fr. Tout cela par gradation de 25 à 50 fr. pour les barriques, et de 25 à 50 centimes pour les bouteilles.

vient de voyager, soit en fûts, soit en bouteilles.

La qualité et l'agrément que l'on trouve dans un vin dépendent aussi des aliments qui ont précédé la dégustation. Quelle que soit la valeur de celui que l'on boit après avoir mangé des mets doux ou sucrés et des fruits acides, il semblera moins agréable.

Disons toutefois que pour apprécier un vin de Bordeaux bien choisi, il n'est pas nécessaire d'avoir recours aux mets épicés et aux fromages de haut goût. C'est une pratique du vulgaire, dans la consommation des vins médiocres ou altérés, qui a donné naissance à ce dicton dépourvu d'atticisme : *Le fromage est le biscuit des ivrognes.*

Il est impossible de préciser toutes les nuances qui distinguent un vin pur de celui qui est mélangé ; nous nous contenterons de dire ici que tous ceux qui n'ont subi aucun mélange d'autres vins conservent un goût qui leur est propre, et qu'à moins d'être parvenus à ce degré de maturité où ils perdent force, goût et parfum, ils ont une légère âpreté, qui déplaît au premier abord aux personnes habituées à boire les vins doux et coulants que produit le mélange de plusieurs.

Ajoutons que les vins naturels et se portant bien, ne contenant aucune substance ajoutée, surtout n'ayant que leur alcool produit par la fermentation, laissent la bouche fraîche, sans aucun sentiment d'ardeur.

Que le consommateur qui aura eu la bonne fortune de trouver un correspondant dans le pays même de production ne s'en tienne pas à une première expérience; qu'il persévère en puisant à la même source; qu'il tâche surtout, en faisant une première réserve, d'échelonner ses renouvellements de provision de manière à ne boire que du vin déjà vieux en bouteilles. Dans le Bordelais, où l'on s'entend naturellement mieux que partout ailleurs à la dégustation du vin, à moins de presse ou de besoin imprévu, on ne boit jamais, même à l'ordinaire, d'un vin qui n'aurait pas au moins six mois de bouteille.

Quant aux vins d'entremets, chacun y met

un véritable amour-propre à servir les plus vieux comme les meilleurs.

Vous reconnaîtrez bientôt l'avantage d'un tel régime. Est-il besoin d'insister sur les qualités hygiéniques du vrai vin de Bordeaux, véritable élixir de longue vie, qui n'est plus qu'un poison dangereux quand il a été dénaturé par des sophistications malsaines.

Afin de faciliter aux consommateurs les renseignements qu'ils doivent donner à leurs fournisseurs, suivant leur goût, voici quelques termes consacrés pour désigner les diverses qualités du vin.

Le *bouquet*, que l'on confond souvent, par analogie, avec la *sève* et l'*arome*, est ce parfum qui distingue les vins de Bordeaux de choix et principalement ceux du Médoc ou des crûs similaires dans les côtes et les graves.

Le vin *coloré* est celui qui a une couleur foncée, mais toujours transparente.

Le vin est *corsé*, il a du *corps*, lorsqu'à une couleur prononcée se joint une grande force vineuse qui parle énergiquement au palais.

Le vin *généreux*, unissant la force alcoolique à la couleur, produit dans l'estomac une sensation de chaleur.

Le vin *nerveux*, très-corsé et alcoolisé, se rapproche du *généreux*; mais il peut manquer de finesse et de bouquet.

Le vin *moelleux* est celui qui, ayant de la force et du corps, flatte agréablement le palais sans le dessécher. On le nomme aussi vin *velouté* parce qu'il fait éprouver aux organes du goût une sensation analogue à celle du velours.

Le vin *léger* peut n'être pas dépourvu de finesse et de bouquet; mais il pèche par la couleur et la force alcoolique, soit par nature, soit par la vieillesse : c'est celui des malades.

Le vin *paillet* ou *pelure d'oignon* est un vin violacé par la grande vieillesse qui a altéré sa couleur.

SOINS A L'ARRIVÉE DES LIQUIDES.

Nous ne parlerons pas, dans ces conseils pratiques, des soins à donner au vin à conser-

ver longtemps dans les barriques. A vingt
lieues hors du département, on ne se doute
pas de l'attention soutenue des Bordelais sur
ce point ; il faut être né viticulteur ou commer-
çant de vins pour ne pas faillir en cette cir-
constance. Les personnes qui se trouveraient
forcément dans ce cas feront bien de demander
des conseils sur les lieux de production, et de
les suivre aussi exactement que possible. Nous
ne parlerons que des vins destinés à être mis
en bouteilles peu après leur arrivée ; c'est le
cas de la généralité des consommateurs (1).

A la réception des vins vieux en barriques,
il faut enlever les doubles futailles, ouiller,
c'est-à-dire faire le plein avec du vin de bonne
qualité (2), et placer les barriques dans une

(1) Les premiers froids *ternissent* souvent les vins
rouges, sans nuire à leur qualité. Les consommateurs qui
recevront à l'entrée de l'hiver une barrique destinée à
n'être mise en bouteilles que longtemps après, éviteront cet
inconvénient en la mettant *sous colle*, c'est-à-dire qu'après
avoir collé le vin avec des blancs d'œuf, on le laissera
dans cet état, *bonde de côté*, tant que les froids dureront.

(2) Cette précaution, qui est toujours bonne, est moins

cave (**1**), la *bonde sur le côté*, en la tournant de *gauche à droite*, pour éviter tout contact du vin avec l'air extérieur.

nécessaire pour les vins ordinaires. Dans tous les cas, d'ailleurs, il vaut mieux s'abstenir que d'ajouter de mauvais vin à un bon. Si le vide reconnu à l'arrivée était d'une certaine importance, et que l'on n'eût pas de bon vin à ajouter, il serait utile d'y brûler un peu de soufre. (Voir plus loin pour le soufrage d'une pièce.)

Dans les campagnes et dans quelques familles où l'on a les moyens d'acheter le vin par petits fûts, mais où l'on veut éviter les frais de la mise en bouteilles, on tire à la barrique au fur et à mesure de la consommation. Cette façon de procéder ne tarde pas.comme l'on sait, à faire aigrir le liquide. Or, l'expérience a appris que le vin en perce se conserve parfait lorsqu'on verse dans le tonneau de l'huile d'olive de bonne qualité, de façon que, surnageant au-dessus du vin, elle empêche sa communication avec l'air. En Toscane, on emploie le même procédé pour conserver bon jusqu'à la dernière goutte le vin qu'on met dans de grandes bouteilles dont le verre est trop faible pour qu'on puisse les boucher solidement.

(1) Les vins en tonneaux doivent être placés, à la cave ou dans les celliers, sur des chantiers élevés de quinze à vingt centimètres; il faut avoir soin de bien assujettir ces tonneaux horizontalement sur les chantiers, en mettant une cale de chaque côté. Les celliers doivent être frais et parfaitement clos, pour éviter les courants d'air. Une cave doit

Après huit à dix jours de repos, au moins, on doit s'assurer, avant de tirer le vin en bouteilles, s'il est parfaitement limpide. On ne peut en être certain qu'en examinant le vin dans un verre à pied contre une lumière, *dans l'obscurité*. Dans le cas où le vin ne deviendrait pas limpide naturellement après quelques jours de plus de repos, il serait urgent de le coller avec six blancs d'œuf pour le rouge, et avec de la colle de poisson pour le blanc. Quinze ou vingt jours après le collage, quelquefois moins si le temps est beau, on trouvera le vin brillant et prêt à être mis en bouteilles.

COLLAGE.

Pour coller une pièce de vin rouge, il faut en retirer trois ou quatre litres, mêler ensuite les blancs de six œufs frais avec un demi-

être située, autant que possible, à quelques mètres sous terre; ses ouvertures doivent être dirigées vers le nord; elle sera éloignée des égouts, courants, lieux d'aisances, bûchers, etc.; elle sera recouverte par une voûte.

litre de ce vin ou d'eau, et battre bien le tout
au moyen d'un petit fouet composé de quelques brins d'osier ou de balai. La colle étant
préparée, on introduit dans la pièce, par l'ou-
verture de la bonde, un bâton fendu ou l'ins-
trument *ad hoc* nommé *fouet*, et l'on agite le
liquide en lui donnant un mouvement circu-
laire; puis on retire le bâton, on verse la colle
au moyen d'un entonnoir. On enfonce de nou-
veau le bâton fendu ou le fouet et l'on agite le
liquide en tous sens pendant une ou deux minutes. Cela fait, on remplit la pièce en remet-
tant le liquide que l'on avait enlevé, en ayant
soin de frapper autour de la bonde pour faire
tomber la mousse et chasser au dehors les bulles
d'air. On replace ensuite le bondon, garni
d'une nouvelle toile, et on incline la pièce sur
le côté en noyant la bonde pour intercepter
toute communication du liquide avec l'air extérieur, comme nous l'avons déjà dit.

Lorsque le collage se fait à la colle de poisson, on opère comme il suit : on la déroule
avec soin, on la coupe en petits morceaux, on

la fait tremper dans un peu de vin ; elle se gonfle, se ramollit et forme une masse gluante que l'on étend avec un peu de vin jusqu'à ce qu'elle soit assez liquide pour être fouettée avec quelques brins de tige de balai ou quelques petites branches flexibles réunies en faisceau ; ce liquide, battu jusqu'à ce qu'il soit devenu écumeux, est versé dans la barrique, puis on introduit le fouet ou bâton fendu, et l'on procède comme nous avons dit plus haut.

MISE EN BOUTEILLES.

Cette opération mérite plus de soins qu'on ne le suppose assez généralement. L'indifférence en cette question cause plus de désappointements qu'on n'est disposé à lui en attribuer. Si elle intéresse le consommateur au plus haut point, elle n'est pas moins importante pour le fournisseur, qui peut parfaitement, malgré la loyauté de ses livraisons et leur qualité certaine, ne recevoir que des reproches et perdre de bons clients, parce que ceux-ci n'auront apporté aucune attention aux soins que cette boisson exige ; le consommateur est trop disposé à mettre à la charge du fournisseur tous les inconvénients qui résultent de ses fournitures, pour chercher ailleurs la cause du mauvais état de son vin.

Par un temps clair et calme, ou les vents soufflant dans la direction qui, d'ordinaire, amène le beau temps dans la contrée que l'on habite, et après s'être assuré de la limpidité du vin, on pose la canette quelques heures avant de tirer.

Le choix des bouteilles mérite de fixer l'attention ; car si elles ont été mal fabriquées, le liquide qu'elles sont destinées à contenir peut en ressentir une influence fâcheuse. Les rincer avec le plus grand soin est une chose indispensable ; la moindre impureté ou des parcelles de lie qui y resteraient sont autant de causes qui peuvent nuire au vin et le faire aigrir. Il faut avoir rincé la quantité nécessaire pour toute la pièce, les renverser pour les égoutter à mesure, et commencer à remplir

par les premières bouteilles nettoyées. Si l'eau
laissait à désirer, il serait prudent de passer un
peu d'eau-de-vie dans la bouteille, pour atté-
nuer le mauvais goût de l'eau qui a servi au
nettoyage. On met de côté la première bouteille, qui peut avoir rencontré un peu de lie
dans la couche inférieure du liquide. Il faudra
boucher au fur et à mesure, pour éviter autant
que possible le moindre contact du vin avec
l'air ; le bouchon devrait avoir été préalablement trempé dans de bonne eau-de-vie. Il est
essentiel que les bouchons soient de bonne
qualité, assez élastiques pour être bien com-
primés, de manière que, serrés fortement dans
le goulot de la bouteille, ils empêchent abso-
lument tout épanchement du liquide, et que
l'humidité ne puisse pas les pénétrer. Il est
d'autant plus impérieux d'observer toutes ces
conditions, que le vin est de plus grande qualité et qu'il est destiné à une plus longue conservation.

Il faut placer les bouteilles sur le flanc,
dans un endroit frais et à l'abri de tout cou-

rant d'air. L'emploi du mastic est utile pour
les vins que l'on veut garder longtemps, afin
d'éviter que les bouchons soient rongés par
les vers.

Quant à la barrique restée vide, on la rince
avec trois seaux d'eau froide; on la vide, et,
après avoir laissé égoutter une ou deux heures, on brûle dans son intérieur cinq ou six
centimètres carrés d'une allumette faite de
toile fortement enduite de soufre. Lorsque le
soufre est consumé, on tourne la barrique
bonde dessous, et on la laisse encore égoutter
pendant vingt minutes. Sans cette précaution,
le vin que l'on remettrait dans cette pièce se
gâterait infailliblement.

La manière de soufrer une barrique se borne
à suspendre un morceau de mèche soufrée,
d'environ 27 millimètres de long, au bout d'un
fil de fer, à l'enflammer et à la plonger dans
la pièce : on bouche et on laisse brûler; l'air
intérieur est bientôt chassé et remplacé par le
gaz sulfureux.

OBSERVATIONS SUR LES VINS EN BOUTEILLES.

Le vin ne se développe parfaitement qu'après un séjour de plusieurs mois dans la bouteille. Il contracte même, en y entrant, une sorte de maladie qui le rend à la dégustation moins agréable qu'au sortir du fût ; mais c'est une crise nécessaire sans doute, puisque, après un certain temps, il entre dans une voie d'amélioration qui n'a de bornes que l'instant qui précède sa décadence.

Cela est si vrai, que le consommateur qui pourra faire une provision d'une certaine importance, se convaincra par lui-même qu'un vin de bonne qualité et de bonne origine, vendu comme vin d'ordinaire, devient, au bout de quelques mois, supérieur à tel vin fin payé beaucoup plus cher, mais qui aurait été mis prématurément en consommation.

Les vins en bouteilles forment un dépôt plus ou moins considérable, suivant qu'ils possèdent plus ou moins de vinosité. Ce dépôt ne nuit en rien à la qualité de la liqueur, si on a la précaution de les séparer l'un de l'autre par le décantage.

Quand on doit offrir à ses convives du vin de Bordeaux, il faut faire monter les bouteilles de la cave plusieurs heures, un jour, si l'on peut, avant le moment fixé pour la réunion, et les placer *debout* sur le dressoir. Une heure environ avant le repas, on doit déboucher la bouteille avec précaution, de préférence avec un tire-bouchon à levier et vis de pression formant point d'appui, afin d'extraire le bouchon graduellement et sans secousses. Cela fait, on incline lentement la bouteille devant une lumière pour en verser dans un flacon bien propre le contenu, qu'on ne doit pas perdre de vue un seul instant. Dès que l'on s'aperçoit que le dépôt, qui forme une tache noire à la base du liquide, arrive vers le goulot, on arrête le décantage.

Souvent un vin dont le bouquet est délicieux et délicat peut être très-mal jugé, parce qu'on le goûte au sortir d'une cave trop fraîche. On peut, dans ce cas, le réchauffer soit au bain marie, soit en l'approchant du foyer. La bouteille doit avoir été préalablement débouchée, et le bouchon remis dans le goulot, légèrement assujetti. Cette précaution ne doit pas dégénérer en abus, en laissant la bouteille exposée trop longtemps à l'action de la chaleur. Le liquide doit être seulement ramené à la *température de l'appartement;* le bouquet se développe alors de lui-même, en agitant le verre, sous l'organe du sens de l'odorat.

Quand le liquide en vaut la peine, il faut l'étudier très-attentivement sous ce rapport, car certains vins éprouvent une sorte de transformation remarquable après un quart-d'heure de séjour dans le verre.

On ne saurait assez recommander le décantage fait avec soin : un vin fin de Bordeaux perd toute sa valeur lorsqu'il est bu trouble, et ne vaut alors guère plus qu'un vin ordinaire de basse qualité; tandis que, bien décanté, il développe le bouquet qui distingue nos vins, et ce moelleux et ce velouté qui sont recherchés par les gourmets (1).

Il est essentiel de ne jamais laisser les bouteilles ou flacons débouchés; plus le vin est séveux, plus il est sujet à s'éventer.

ORDRE DE SERVICE DES VINS A TABLE.

Vous avez satisfait à vos nombreux désirs,
Mais Bacchus vous attend pour combler vos plaisirs.

. . . .

Vos convives, déjà, dans un juste embarras,
Vous adressent leurs vœux et vous tendent les bras;
Venez à leur secours, offrez-leur à la ronde
La liqueur qui nous vient des bords de la Gironde;

(1) J'étais un jour, loin de Bordeaux, à la table d'un ami de ma famille qui, pour me faire honneur, envoya chercher à la cave une vieille bouteille contenant un produit des vignes paternelles : « Jean, dit mon hôte au domestique qui l'apportait, tu ne l'as pas secouée? — Non, monsieur, pas encore! » — Et lui de secouer, croyant bien faire. Qu'on juge de notre hilarité. Le pauvre garçon, tout penaud, en fut quitte pour aller en chercher une autre, mais avec de telles précautions, cette fois, que la bouteille n'était pas arrivée avant la fin du repas.

Le vin de Malvoisie et celui de Palma,
Le Champagne mousseux, le Christi-Lacrima,
Le Chypre, l'Albano, le Clairet, le Constance;
Choisissez-les toujours au lieu de leur naissance.

(BERCHOUX, *la Gastronomie*, chant IV.)

L'*Almanach des Gourmands* nous dit, par la voix autorisée de Grimod de La Reynière : « Soit qu'on serve les entremets à l'entour du rôti, soit qu'on en fasse un service à part, c'est toujours à cette époque du dîner qu'interviendront les vins fins. Ces vins doivent être choisis dans les meilleurs vignobles de France. Si l'on sert du vin de diverses espèces, il est d'usage de commencer toujours par le rouge, et ordinairement par les vins de Bordeaux de cette couleur. »

Notre modeste avis est que, dans une maison bien tenue, on doit offrir, après les potages, du *Xérès* ou *Madère sec*. Avec les huîtres et les hors-d'œuvre, on sert le vin blanc de graves ou de Sauternes dans les meilleurs choix possibles. Dès le premier service, le vin

de Bordeaux rouge, dans les qualités les plus
inférieures que l'on se propose d'offrir. Au second service, les vins de qualité dits des *grands
ordinaires*. Aux entremets, il faut offrir les
vins fins dans l'ordre des plus tempérés aux
plus généreux et aux plus parfumés. Au commencement du dessert, on doit présenter les
vins à grande réputation des grands crûs de
divers pays et de couleurs diverses, en com-
mençant par les rouges.

Le vin de Champagne frappé se sert le dernier.

Quand il y a des dames, on offre du vin de
liqueur pour accompagner les pâtisseries ; mais
ces liquides, nuisibles à une bonne digestion,
devront être négligés par les vrais amateurs,
à moins qu'on ne puisse leur offrir les vins de
Tokay, Constance, Schiraz, Chypre ou les
analogues.

Puisque nous avons cité Berchoux, emprun-
tons à un livre moins poétique, mais plus pratique, un conseil qui s'adresse plus particulièrement à la maîtresse de maison. Bien manger

ne doit pas aller sans bien boire, et réciproquement. Écoutons donc M. Jules Gouffé, un maître-queux : « On se figure parfois, nous dit-il dans son beau *Livre de cuisine,* que le vin que l'on destine à la cuisine peut être impunément de qualité médiocre, et que les sauces et ragoûts n'en souffriront pas. C'est avec un regret profond que j'ai entendu, dans de bonnes maisons qui avaient cependant l'amour-propre de leur table, dire en parlant d'un vin avarié : « *Ce sera toujours assez bon* » *pour la cuisine.* » On ne saurait trop combattre cette opinion fausse et dangereuse. Ce que j'ai dit au sujet des denrées, je le répète ici plus hautement au sujet du vin : Vous ne ferez jamais de bonne cuisine avec des vins usés et de qualité inférieure. Toutefois, lorsque je dis qu'il faut *toujours* employer de bons vins en cuisine, j'entends que l'on se tienne dans une moyenne de bons ordinaires rouges et blancs. »

LE VIN ET LA SAGESSE DES NATIONS.

« C'est un fait bien digne de remarque, dit le docteur Artaud, que ce consentement universel de la race humaine, ce *consensus omnium*, anciens et modernes, poëtes et prosateurs, savants et ignorants, médecins et philosophes, peuples et rois, prophètes et saints, pour faire l'éloge de la vigne, pour exalter les mérites du vin pris modérément et flétrir l'ivrognerie. »

Pindare proclame des hauteurs du Parnasse cette vérité hygiénique : « *L'effet du vin pris* » *dans une juste mesure est d'agrandir et d'éle-* » *ver l'âme; c'est alors que les soins, les inquié-* » *tudes s'éloignent du cœur de l'homme.* »

Diphyle, contemporain de Ménandre, invoquait ainsi le fils de Sémélé : « *O Bacchus !* » *délices des sages, toi seul relèves les hommes* » *tombés dans la misère; tu dérides les fronts* » *les plus sévères; par toi, l'homme faible et ti-* » *mide devient fort et courageux.* »

« *Les buveurs,* dit Chérémon, *trouvent au*

» *fond de la coupe la joie, la science, la sa-*
» *gesse et les bons conseils.* »

Euripide dans ses *Bacchantes :* « *Le vin a été*
» *donné à l'homme pour calmer ses peines.* »

Platon dans son *Cratyle :* « *Le vin remplit*
» *notre cœur de courage.* »

Mnésithée, d'Athènes, raconte que les Athé-
niens allèrent consulter en temps d'épidémie
l'oracle de Pythie, et qu'ils reçurent pour ré-
ponse : « *Rendez vos respects à Bacchus mé-*
» *decin.* »

Cicéron ne pouvait se lasser de l'aspect de
la vigne : « *Satiari ejus aspectu non posse.* » (*De*
Senectute, § 15.)

Et Virgile, Horace, Ovide, Tibulle, quel concert d'éloges en l'honneur du vin! Leurs vers
sont familiers à tous les esprits cultivés.

« *O mon cher Lucanius*, disait Ausone le
» Bordelais, *je cherche avant tout un vin géné-*
» *reux qui chasse mes soucis, soutienne mes*
» *brillantes espérances, et qui, en se répandant*
» *dans mes veines, échauffe mon âme et me rende*
» *la vigueur de la jeunesse.* »

Boëce reconnaît l'effet salutaire du vin sur l'intelligence : « *Vinum modicè sumptum acuit* » *ingenium.* » — « Le vin pris avec modéra- » tion rend l'esprit plus pénétrant. »

« *Le vin vient de Dieu et l'ivrognerie du* » *diable,* » disait saint Chrysostome. — Selon saint Augustin, « *le vin a été créé pour rendre* » *l'homme heureux et non pour l'enivrer.* » — Saint Hilaire, évêque de Poitiers, dit que « *le* » *vin fortifie le corps, comme la parole de Dieu* » *fortifie l'âme.* » Saint Bonaventure, le Docteur séraphique, l'homme de la modération en toutes choses, s'exprime ainsi : « *Couper son* » *vin avec de l'eau plaît à Dieu, édifie le pro-* » *chain, et convient à la pureté du religieux.* » Enfin, selon le sage roi Salomon, « *le vin a* » *été créé pour réjouir le cœur de l'homme, et* » *non pour éteindre sa raison et affaiblir son* » *esprit; le vin pris modérément est la force de* » *l'entendement, la joie du cœur et la santé du* » *corps.* »

« Vin *théologal* et *sorbonique* est passé en proverbe, et leurs festins, dit Montaigne, en parlant des savants docteurs, je trouve que c'est raison qu'ils en dînent d'autant plus commodément et plaisamment, qu'ils ont utilement, sérieusement employé la matinée à l'escrime de leur eschole. » (*Essais,* liv. III.)

Le Lévitique, x-9, dit que l'on employait ordinairement cette liqueur dans les sacrifices que l'on offrait au Seigneur *(libaminum vinum);* mais l'usage en était interdit au prêtre pendant qu'il était dans le tabernacle, occupé au service de l'autel.

D'après l'Ecclésiaste, xxxi-42, le mot *convivium vini* marque un festin, un repas de solennité, où l'on n'épargnait pas la dépense du vin.

L'évangéliste saint Marc, xv-23, nous apprend que, par une sorte de pitié charitable, on en donnait aux suppliciés avec un mélange d'aromates *(myrrhatum vinum)* pour leur causer une sorte d'ivresse et amortir en eux le sentiment de la douleur. C'est celui qui fut offert au Rédempteur mourant sur l'arbre du salut.

4

N'oublions pas sur cette matière les préceptes
de la docte école de Salerne :

Quant au vin, sur le choix voici notre doctrine :
Buvez-en peu, mais qu'il soit bon ;
Le bon vin sert de médecine,
Le mauvais vin est un poison.
Point de vins frelatés, ils gâtent la poitrine ;
Un vin frais, naturel, pétillant, gracieux,
Doit flatter le palais, l'odorat et les yeux.

Toujours aux meilleurs vins donnez la préférence,
Ils produisent toujours les meilleures humeurs.
Méprisez un vin noir, épais, sans transparence,
Il envoie au cerveau de grossières vapeurs,
Il charge l'estomac, cause des pesanteurs
        Et rend sujet à la paresse.
Choisissez, pour bien faire, un vin mûr, un vin vieux,
Un clairet pétillant dont la délicatesse
Tienne en effet au goût ce qu'il promet aux yeux.
Tempérez-en, par l'eau, l'esprit trop furieux ;
Encore, en le buvant, consultez la sagesse.

Le vin bourru chatouille ; on le boit avec joie ;
        Il engraisse, il est nourrissant ;
Mais craignez qu'il n'opile et la rate et le foie,

Par le trop long séjour qu'il y fait en passant.
    D'un vin blanc clair, fin, le mérite
    Consiste en ce qu'il passe vite.

Voulez-vous qu'un dîner soit sain et profitable;
Ne mangez point à sec, humectez en buvant,
    Mais à petits coups et souvent.
    Autant qu'il faut buvez à table;
Mais pour vous bien porter, entre les deux repas,
    Sans grand besoin, ne buvez pas.

Dans vos repas, ne buvez point d'eau claire,
    Il en provient trop d'incommodités;
L'estomac refroidi malaisément digère,
Et ce qu'on mange alors laisse des crudités.

    Des anguilles et du fromage
    Manger trop cause du dommage;
    Mais, si vous en mangez, d'abord
Il faut les arroser et boire un rouge-bord.

    L'oie est un animal stupide
Qui doit être sans cesse en un séjour humide;
Vive, elle veut de l'eau; morte, elle veut du vin.

    La raison nous le prêche,
    Il faut du vin avec la pêche.

Enfin, suivant ces illustres docteurs, comme la lance d'Achille, cette précieuse liqueur guérit elle-même les maux qu'elle a pu faire :

> Si, pour avoir trop bu la veille,
> Votre estomac est dérangé,
> Ayez, dès le matin, recours à la bouteille,
> Vous serez bientôt soulagé.
> Par ce remède bien purgé,
> Aux maux de cœur, aux maux de tête,
> Vous donnerez un prompt congé,
> *En prenant du poil de la bête.*

Ce dernier trait n'est-il pas charmant?

Ce n'est pas un, mais cent volumes, et du plus grand format, qu'il faudrait écrire pour rapporter tous les éloges recueillis sous toutes les formes par la bienfaisante *purée septembrale,* comme la nomme le joyeux et profond Rabelais. Quel concert de tous les adorateurs de la *dive bouteille,* de tous les *amis du careau* passés, présents et futurs ! Par amour-propre national, nous vous donnerons ici seulement deux couplets, que l'un de nos plus aimables poëtes bordelais a mis dans la bouche du *Médoc* lui-même, et dont les derniers vers ont été inspirés par l'anecdote que nous avons rapportée sur le vainqueur de Mahon. C'est d'un *premier crû*, je vous le garantis :

Enfant d'une terre féconde,
Je suis né, riant et vermeil,
Des longs baisers que le soleil
Prodigue aux flancs de la Gironde.
Mon père est dieu, le dieu du jour;
Et moi, plein de sa douce flamme,
Aux mortels je verse mon âme,
Et je fais des dieux à mon tour !

Mon pouvoir n'est-il pas sublime?
J'allume l'esprit et le cœur;
Et, dans ma céleste liqueur,
La vie éteinte se ranime.
Le plus vieux de mes courtisans,
Richelieu, qui savait me boire,
Au champ d'amour, couvert de gloire,
Triomphait à quatre-vingts ans!

(Hipp. Minier, *Bordeaux après dîner*).

Buveurs, mes frères, méditez encore ces proverbes ou dictons populaires que j'ai extraits pour vous des recueils des XIVᵉ, XVᵉ et XVIᵉ siècles, et qui remontaient par conséquent bien au delà :

> Qui bon l'achète, bon le boit.

> A bon vin, point d'enseigne.

> Vin, or et ami vieux
> Sont en prix en tous lieux.

> Vin trouble, pain chaud et bois vert
> Encheminent l'homme au désert.

> Au matin, bois le vin blanc ;
> Le rouge au soir pour le sang.

> Bon vin, bon esperon.

> Vin trouble ne casse point les dents ;
> Mais il peut faire mal dedans.

> Vin sur lait, c'est souhait ;
> C'est poison sur vin le lait.

> Vin de disme ou de présent
> Ne fust jamais que plaisant.

> A morceau qui est rétif,
> Verre de vin en un coup vif.

Bon vin reschauffe le pèlerin.

De bon terrouer bon vin.

En vaisseau mal lavé, ne peut on vin garder.

Le vin est bon qui en prend par raison.

Le vin est le lait des vieillards.

Le vin n'est pas fait pour les bestes.

Nul vin sans lie.

On ne cognoist pas le vin au cercle.

Où l'hostesse est belle, le vin est bon.

Qui bon vin boit, Dieu voit.

Qui bon vin boit, il se repose.

Qui vin ne boit après salade,
Est en rizque d'être malade.

Sur poyre, vin boyre.

A petit manger, bien boire.

Jamais sage homme on ne vid
Beuveur de vin sans appétit.

Carne fa carne,
Vino fa sangue.

Bon vino, cattiva testa e favola longa.

Vino amaro, tien la caro.

Après la figue, un verre d'eau ;
Après le melon, un verre de vin.

Pain d'un jour, vin d'un an, farine d'un mois.

Pain changé, vin accoutumé.

Beuvons, jamais nous ne boirons si jeunes.

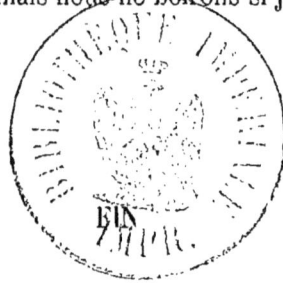

FIN

TABLE DES MATIÈRES

—◦◦◦—

Bordeaux, imprimerie de J. Delmas.

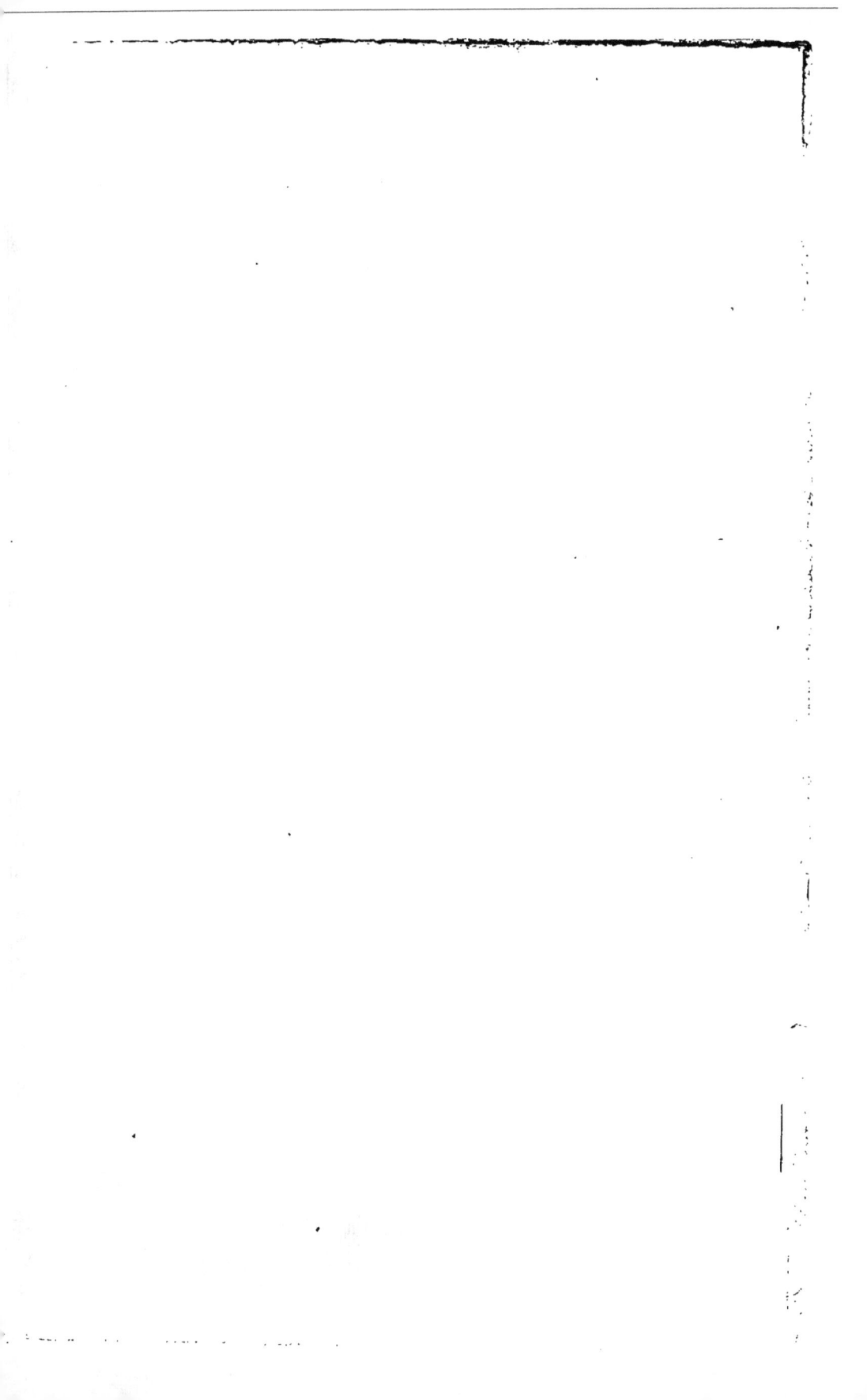

BORDEAUX, IMPRIMERIE DE J. DELMAS.